DESCRIPTION
D'UN MICROSCOPE,

ET

DE DIFFÉRENTS MICROMETRES

Destinés à mesurer des Parties circulaires ou droites, avec la plus grande précision.

Par M. le Duc DE *CHAULNES.*

M. DCC. LXVIII.

(3)

DESCRIPTION
D'UN MICROSCOPE,
ET DE DIFFÉRENTS MICROMETRES

Destinés à mesurer des Parties circulaires ou droites, avec la plus grande précision.

Par M. le Duc DE CHAULNES.

DESCRIPTION DU MICROSCOPE.

LA Description que nous allons donner du Microscope ne sera point relative aux verres qui le composent, ni à leurs effets; cette partie appartenant à l'Optique, qui doit être traitée à part; mais seulement par rapport à sa construction & aux différents instruments qu'on y a ajoutés pour en rendre l'usage plus commode, plus sûr & plus propre à toutes les expériences & à l'application qu'on en a faite à la mesure exacte des objets qui y sont soumis.

La *Figure* 1 représente en perspective le Microscope tout entier, monté sur son pied & garni de son Micrometre, dont on va donner le détail dans les Figures suivantes.

La *Figure* 2 est le plan du chassis qui fait la base du pied. On y voit: 1°, en *A A*, quatre trous formant écrou, destinés à recevoir les vis *A*, *A* des *Figures* 4 & 7, faites pour caler l'instrument. 2°, En *B B*, le plan des quatre montants qui portent la table du Microscope, dont on voit le profil *Figures* 4 & 7. 3°, En *C*, un trou fait pour recevoir le pivot *C*, du miroir *Figure* 5. 4°, En *D*, *D*, *D*, trois trous pour recevoir les vis de la piece *Figure* 8.

La *Figure* 3 est le plan de la table du Microscope. On y voit 1°. en *A* un grand trou rond, destiné à laisser passer la lumiere renvoyée par le miroir *Figures* 5 & 6. 2°, En *B*, *B*, deux petites joues qui y sont tenues par les quatre vis *C*. Ces deux joues sont destinées à recevoir un Micrometre *Figures* 47

& 48, dont on parlera plus bas, & que l'on y fixe par le moyen de la vis de pression *D*. 3°, En *E*, la naissance d'une petite tablette qui porte deux joues pareilles à celles dont on vient de parler, & qui sont destinées au même usage; on voit le plan de cette piece entiere *Figure* 39. 4°, En *ff* deux petits index, dont on parlera dans l'explication de la *Figure* 38. 5°, En *G*, une échancrure destinée à recevoir la barre *Figure* 17.

La *Figure* 4 est le profil de la base *Figure* 2, jointe à la table *Figure* 3 par les montants *B*, *B*, vue dans sa longueur, & par derriere on y voit 1°, en *A*, une des quatre vis à caler. 2°, En *C*, le trou d'une vis faite pour fixer la barre *Figure* 17 contre la table. 3°, En *F*, *F*, les deux petits index dont on voit le profil en *f*, & dont on expliquera l'usage, comme on l'a déjà dit, à la *Figure* 38.

Les *Figures* 5 & 6 sont la coupe & la face d'une monture qui contient deux petits miroirs, l'un plan & l'autre courbe, adossés l'un à l'autre. Cette monture est mobile dans un demi-cercle, dans lequel elle roule sur les deux pivots *a a*, pour pouvoir présenter celle des deux faces dont on a besoin; ce demi-cercle porte lui-même sur un pivot *C*, qui tourne librement dans le trou *C*, des *Figures* 2 & 8.

La *Figure* 7 est la coupe des pieces *Figures* 2 & 3, faite suivant la ligne *G A E* de la table. On y voit 1°, en *A* deux des vis à caler. 2°, En *C*, le trou du pivot *C* de la *Figure* 5. 3°, En *D*, un des trous faits pour recevoir une des vis fraisées qui doivent passer dans les trous *D* des pieces *Figures* 2 & 8, & se visser dans la piece *Figure* 10. 4°, En *G*, la moitié de l'échancrure G, de la table *Figure* 3, avec la vis qui doit entrer dans le trou *C* de la *Figure* 4.

La *Figure* 8 est une piece destinée à servir de base à la douille, *Figures* 11, 12 & 13: on y voit 1°, en *F* un trou destiné à recevoir la vis *f* de la *Figure* 14. 2°. En *E*, *E*, deux trous correspondants aux trous *E*, *E*, de la *Figure* 2. 3°, En *D*, *D*, *D*, trois trous correspondants aux trous *D*, *D*, *D* de la même *Figure* 2. 4°. En *C*, un trou aussi correspondant au trou *C*, de la même *Figure*, & destiné, comme lui, à laisser passer le pivot *C* du miroir, *Figure* 5, 5°, Deux petits trous *h*, *h*, pour recevoir deux petits pieds, dont on voit l'un dans le profil *Figure* 10. 6°, Quatre petits trous *g*, *g*, *g*, *g*, pour recevoir les vis *g*, *g*, &c, des *Figures* 12 & 13.

La *Figure* 9 est le profil de la précédente.

La *Figure* 10 est le profil d'une rondelle qui se pose par dessus la partie *D D D*, *h h C* de la *Figure* 8, qui est percée des mêmes trous qu'elle, mais qui sont en écrou pour recevoir le bout des vis qui assemblent les pieces 2 & 8, parce que ces vis se montent par dessous. On y voit en dessous en *h* un des deux petits pieds qui doivent entrer dans les trous *h*, *h* de la *Figure* 8.

La *Figure* 11 eſt le plan d'une douille quarrée. On en voit l'élevation dans les *Figures* 12 & 13.

La *Figure* 12 eſt l'élévation de cettte douille dans le ſens le plus étroit; on y voit en *A* un trou fait pour recevoir la vis *A* de la *Figure* 14, & en *g g*, deux des quatre vis qui doivent l'aſſujettir ſur la piece *Figure* 8 en *g g g g*.

La *Figure* 13 eſt encore une élévation de la même douille, ſur le ſens le plus large. On y voit en *g*, *g*, les mêmes vis dont on vient de parler dans la *Figure* précédente, & en *B*, *B*, les trous fraiſés faits pour recevoir les têtes des vis *b*, *b*, deſtinées à arrêter la barre *Figure* 17, contre une des parois intérieures de cette douille.

La *Figure* 14 eſt le profil d'une conſole deſtinée à affermir la douille qu'on vient de décrire, dans la ſituation perpendiculaire, ſur la piece *Figure* 8. On voit 1°, en *A*, une vis qui doit entrer dans le trou *A* de la *Figure* 12. 2°, En *b*, une vis faite pour entrer dans la face poſtérieure de la douille, dont on appercevra plus facilement la place dans la *Figure* ſuivante. 3°, En *f*. une vis deſtinée à paſſer au travers du trou *F* de la *Figure* 8.

La *Figure* 15 eſt le plan de la même conſole, dans lequel on voit les deux vis *A*, faites pour entrer dans le trou *A* de la *Figure* 12, & la vis *b* dont on a parlé dans la *Figure* précédente.

La *Figure* 16 eſt le profil d'une barre de cuivre deſtinée à entrer dans la douille *Figure* 12, & à y être fixée comme on le dira tout à l'heure. On y voit 1°, en *C* le bout d'une vis faite pour entrer dans le trou *C*, de la *Figure* 4, & rendre ſa ſituation invariable. 2°, En *D*, une vis faite pour y attacher la petite conſole qui eſt à côté, & dont on expliquera plus bas l'uſage; cette petite conſole porte un pied *f*, qui doit entrer dans le trou *f* de la *Figure* 17. 3°, En *E*, ſur le bout ſupérieur une vis dont la tête eſt aſſez large pour déborder la piece, afin de ſervir d'arrêt à la piece *Figure* 18 & 19, dont on parlera dans un moment.

La *Figure* 17 eſt la face de la même piece. On y voit 1°. en *C*, le trou fait pour la vis *C* de la *Figure* précédente. 2°, Le trou *D* correſpondant auſſi à la vis *D* de la même *Figure*. 3°, En *f*, le trou qui doit recevoir le pied *f* de la petite conſole, même *Figure*. Enfin en *B*, *B*, les deux trous faits pour recevoir les vis *b*, *b* de la *Figure* 12 ou 13.

La *Figure* 18 eſt le profil d'une ſeconde barre de cuivre, qui doit entrer auſſi dans la douille *Figure* 12, mais avec la différence qu'elle y eſt mobile, & qu'elle peut couler le long de la barre *Figure* 16. On y voit 1°, en *a* un trou pour recevoir une des vis *a* de la piece *Figures* 21 & 22. 2°, En *b*, *b*, *b*, trois trous pour recevoir les goupilles deſtinées à arrêter la crémaillere *Figure* 20, dont on parlera plus bas. 3°, En *c*, une retraite faite pour recevoir l'échancrure *c* de la piece *Figures* 30 & 31.

La *Figure* 19 eſt la face de la même piece. On y voit en *A*, le trou fait pour recevoir la vis *A* de la *Figure* 21 ; au deſſous on apperçoit la face de la crémaillere (dont on voit le profil *Figure* 20) logée dans un incruſtement fait pour la recevoir. On voit au deſſus de cette *Figure* en *c*, le plan du bout de cette barre, dans lequel on apperçoit en *c* le trou de la vis *c* de la *Figure* 30, & en *d*, *d*, deux petits trous pour les petits pieds *d* de la même piece *Figure* 31.

La *Figure* 20 eſt le profil de la crémaillere dont on vient de parler, dans lequel on voit en *b*, *b*, *b*, trois trous pour paſſer les goupilles deſtinées à la fixer dans l'incruſtement de la *Figure* précédente, & qui ſont correſpondants aux trous *b*, *b*, *b* de la *Figure* 18.

Les *Figures* 21 & 22 ſont le plan & le profil d'une piece qui ſe fixe ſur la piece *Figures* 18 & 19, par le moyen de la vis *A*, qui entre dans le trou *A* de la *Figure* 19, & des deux vis *a*, qui répondent au trou *a* de la *Figure* 18, & à celui qui eſt de l'autre côté, & que l'on ne peut pas voir. Cette piece porte un anneau refendu pour faire reſſort contre le petit bout du Microſcope qu'il embraſſe.

Les *Figures* 23, 24 & 25 ſont le plan, la face & le profil d'une piece deſtinée à porter un arbre à vis de rappel *Figure* 28, dont on parlera plus bas. Dans le plan, *Figure* 23, on voit en *a* l'écrou refendu qui doit recevoir cet arbre, & en *b*, la vis de preſſion qui doit arrêter cette piece ſur la barre immobile *Figures* 16 & 17, pendant que la vis de rappel qui tient, comme on le dira plus bas, à la barre mobile, la fait deſcendre ou monter par un mouvement très-lent.

La *Figure* 24 eſt la même piece vue en face ; on y voit en *C*, une petite plaque mince qui coule & fait reſſort contre la barre immobile *Figure* 17.

La *Figure* 25 eſt le profil de la même piece, dans lequel on voit en face le bouton de la vis de preſſion *b*, qu'on n'avoit vu qu'en profil dans les *Figures* précédentes.

La *Figure* 26 eſt le plan d'une piece qui porte un anneau refendu deſtiné à recevoir le corps du Microſcope ; on y voit 1°, en *a*, un trou liſſe deſtiné à recevoir le collet de l'arbre *Figure* 28. 2°. En *b*, *b*, deux trous faits pour recevoir deux vis deſtinées à attacher ſur cette piece celle de la *Figure* 30. 3°. En *c*, une ouverture quarrée, faite pour laiſſer paſſer la barre immobile de la *Figure* 17. 4°, En *D*, *D*, deux vis dont on voit le profil en *d*, *Figure* 27, & deſtinées à fixer ſur celle-ci la piece *D* *même Figure*.

La *Figure* 27 eſt la coupe de la précédente. On y voit 1°, en *a*, la moitié du trou *a* de la *Figure* 26. 2°, En *c* la moitié de l'ouverture *c* de la même *Figure*. 3°, En *d*, la vis qui doit fixer la piece *D* avec celle-ci. Il faut obſerver que cette

cette piece *D*, dont on ne voit ici que le profil, doit avoir une largeur égale à celle de la barre immobile *Figure* 17.

La *Figure* 28 eſt 1°. un arbre de fer taraudé de *A* en *B*, qui entre dans l'écrou *a* de la *Figure* 23. 2°, Un épaulement *a*, qui doit porter contre les bords du trou *a* de la *Figure* 27. 3°, Un quarré *b* deſtiné à entrer dans la douille du bouton *Figure* 29, qui aſſujettit l'arbre de maniere à ne pouvoir deſcendre. 4°, Une petite vis *e*, pour recevoir l'écrou *E* de la même *Figure* 29.

La *Figure* 29 eſt le profil du bouton qui doit faire tourner l'arbre ou vis de rappel, dont on vient de parler; on doit ſuppoſer que ce bouton eſt percé d'une douille quarrée, dans laquelle doit entrer la partie quarrée *b* de cet arbre; le petit écrou *E* eſt fait pour ſe monter ſur la petite vis *e* de cet arbre, & empêcher le bouton de reſſortir. Ce bouton porte une petite aiguille ou index fait pour montrer les diviſions ſur le petit cadran dont nous allons parler.

La *Figure* 30 eſt un petit cadran qu'on fixe en *b*, *b* ſur la piece *Figure* 26, par le moyen de deux vis qui paſſent par les trous *b*, *b*, & ſur le bout de la barre mobile, par le moyen de la vis *c* (*Figure* 31.)

La *Figure* 31 eſt le profil de la précédente, dans lequel on voit en *c*, la vis qui, en paſſant à travers le trou *c* de la *Figure* 30, va ſe viſſer dans le trou *c*, du bout de la barre mobile, qui eſt repréſenté au-deſſus de la *Figure* 19. On voit auſſi en *d*, un des pieds qui doivent entrer dans les trous *d*, *d*, qui ſont aux deux côtés du trou *c*, dont on vient de parler dans la même *Figure* 19.

La *Figure* 32 repréſente deux petites pieces qui s'attachent ſous les deux joues de l'échancrure *G* de la table *Figure* 3, par le moyen de deux vis qui paſſent au travers des petits trous *a a*; ces pieces, de l'une deſquelles on voit le profil *Figure* 33, reçoivent les deux bouts d'un arbre *Figure* 34, dont on va parler.

La *Figure* 34 eſt un petit arbre qui porte au milieu de ſa longueur un pignon, dont les dents ſont proportionnées à celles de la crémaillere *Figure* 20; cet arbre eſt terminé par deux petits quarrés *a*, *a*, faits pour recevoir les boutons qu'on voit en *a*, *a*, *Figure* 37.

La *Figure* 35 eſt une petite boîte de cuivre mince, dont on voit la coupe *Figure* 36, qui ſert à recouvrir le petit arbre dont on vient de parler, pour empêcher la pouſſiere d'entrer dans les dents du pignon; elle s'arrête par deux vis en deſſous des deux petites pieces *Figure* 32.

La *Figure* 36 eſt la coupe de la boîte de cuivre de la *Figure* précédente.

La *Figure* 37 repréſente en coupe le petit arbre *Figure* 34, avec ſes deux boutons *a*, *a*, tout monté dans les deux pieces *Figure* 32.

La *Figure* 38 eſt la face d'un des boutons *a* de la *Figure* précédente, ſur laquelle on voit une diviſion, qui, en tournant avec le bouton, préſente ſucceſſivement toutes ſes parties à un des index fixés à la table, & qui ſont marqués *f*, *f* dans les *Figures* 3 & 4.

La *Figure* 39 eſt une petite plaque deſtinée à porter le Micrometre; cette plaque dont on voit la naiſſance en *E*, (*Fig.* 3,) s'aſſujettit contre la table, par le moyen des vis *h*, *h*; elle porte deux joues & une vis de preſſion comme la table *Figure* 3, & pour le même uſage.

La *Figure* 40 eſt le profil de la même piece.

La *Figure* 41 eſt la coupe du corps du Microſcope tout monté, avec ſes verres & ſon Micrometre. On y voit :

1°, En *A B C D* la piece qu'on appelle *l'œilleton*, c'eſt-à-dire, à laquelle on applique l'œil pour voir dans le Microſcope. Cette piece eſt percée en *B*, d'un trou que l'on couvre ou que l'on découvre à volonté, par le moyen de la couliſſe *B*; cette piece qui ſe monte à vis en *C*, *D*, dans la piece *C D E F*, ſert auſſi à contenir l'oculaire *D* dans ſa place.

2°, En *C D E F*, une piece qui porte en *C D*, une vis intérieure, faite pour recevoir la piece précédente; en *D*, un épaulement pour ſoutenir l'oculaire *D*; & en *E F*, une vis extérieure faite pour entrer dans la piece ſuivante. On voit le profil de cette piece *Figure* 42.

3°, En *E F*, une piece dont on voit le plan *Figure* 44, & le profil *Figure* 43. Cette piece qui s'arrête ſur la face ſupérieure du Micrometre du Microſcope, porte une vis intérieure pour recevoir la piece précédente. On parlera plus bas de ſon uſage.

4°, En *F G*, un Micrometre ſemblable à ceux que l'on met dans les Lunettes Aſtronomiques, qui eſt décrit ailleurs.

5°, En *G H I*, une portion du corps du Microſcope qui s'attache en *G* ſur la plaque inférieure du Microſcope, & en *H I*, une vis extérieure qui entre dans la piece ſuivante, & qui ſert en même temps à contenir l'oculaire *H*, dans ſa place.

6°, En *H I K L M*, l'autre portion du corps du Microſcope, qui porte en *H I* une vis intérieure faite pour recevoir la piece précédente. En *I*, un épaulement pour ſoutenir l'oculaire *I*. En *K L* extérieurement une portion liſſe faite pour entrer dans le petit collet *Figures* 21 & 22. En *L M*, une vis intérieure pour recevoir le porte-lentille *M N O P*, & une autre vis extérieure pour entrer dans celle d'une autre eſpece de porte-lentille plus large que celle que l'on voit ici.

7°, En *L M N O P*, le porte-lentille, qui lui-même eſt composé de deux pieces, l'une *L M N O*, dont on voit ſéparément le profil *Figure* 45, qui porte une vis extérieure *L M*, faite pour entrer dans la piece précédente, & de l'autre côté une autre vis, auſſi extérieure, pour entrer dans celle de la ſeconde, qui eſt la calotte *O P*, dont on voit auſſi le profil *Figure* 45, & qui eſt deſtinée à contenir la lentille *O* dans ce porte-lentille.

La *Figure* 42 eſt le profil de la piece *C D E F* de la *Figure* précédente.

La *Figure* 43 eſt le profil de la piece *E F* de la *Figure* 41.

La *Figure* 44 eſt le plan de la piece précédente. *Q R S T* eſt la plaque ſupérieure du Micromettre. *V*, *X*, *Y*, *X*, eſt un anneau refendu en *Y*, qui porte trois oreilles *V X X*. L'oreille *V* eſt attachée par deux vis ſur la plaque du Micrometre. Les deux oreilles *X X* le ſont auſſi chacune par une vis ; mais les trous de ces oreilles qui laiſſent paſſer les vis, ſont oblongs, afin de laiſſer à l'anneau la liberté de s'ouvrir ou de ſe fermer, à meſure qu'on lâche ou qu'on ſerre la vis *Y*, qui joint les deux parties de l'anneau dans l'endroit où il eſt refendu : l'uſage de cette piece eſt de laiſſer entrer plus ou moins la piece *Figure* 42, qu'on voit auſſi en *C D E F* (*Figure* 41) parce que portant le premier oculaire, il faut, ſuivant les différentes vues, pouvoir approcher plus ou moins cet oculaire des fils du Micrometre ; & quand on l'a placé à la diſtance convenable, en tournant la vis *Y*, on arrête cet oculaire d'une façon invariable.

La *Figure* 45 eſt le profil du porte-lentille, qui eſt marqué *L M N O* dans la *Figure* 41, dans laquelle on l'a expliqué.

La *Figure* 46 eſt la coupe d'un autre porte-lentille, qui eſt fait pour recevoir la vis extérieure *L M* du corps du Microſcope *Figure* 41.

Le Microſcope que l'on vient de décrire étant ainſi monté, il ne reſte plus, pour en faire uſage, que d'expoſer ſous la lentille les objets que l'on veut examiner, & d'approcher ou d'éloigner le Microſcope des objets, ſuivant la force de la lentille que l'on y a adaptée.

Nous expliquerons plus bas les divers moyens qu'il faut employer pour préſenter les objets ſous le Microſcope, de la façon la plus avantageuſe, & de leur donner les mouvements néceſſaires pour préſenter ſucceſſivement les différentes parties de ces objets ; mais avant d'entrer dans ce détail, & pendant qu'on a préſente l'idée de la monture qu'on vient de décrire, il faut expliquer ſon uſage.

Lorſqu'on veut chercher le foyer d'une lentille que l'on a adaptée au Microſcope, & que l'on a pour cet effet placé, d'une façon quelconque, un petit objet, ſur la table, de maniere cependant qu'il réponde au trou de la lentille, il faut en approcher ou en éloigner le Microſcope par un mouvement aſſez prompt pour pouvoir juger, à peu de choſe près, de l'endroit où il commence à laiſſer voir l'objet, quoique confuſément, & enſuite avoir un mouvement aſſez lent pour trouver avec exactitude le point précis auquel l'objet paroît le plus net & le plus tranché.

Pour remplir le premier objet, il faut 1°. lâcher la vis de preſſion *A*, (*Fig.* 1.) 2°, En plaçant l'œil en *B*, pour regarder dans le Microſcope, appliquer les deux mains aux boutons *C*, *C* qui sont aux deux bouts de l'arbre du pignon qui engrene dans la crémaillere, & les faire tourner d'un sens ou de l'autre: alors il est évident que ce pignon qui tourne dans les deux pieces qui ont été décrites *Figure* 32, & qui sont fixées à la table, forcera la crémaillere à monter ou à descendre; mais comme cette cremaillere est retenue dans la barre mobile décrite *Figures* 18 & 19, & qu'elle porte avec elle les deux colliers *D* & *E* (*Fig* 1) qui ont été décrits à part *Figures* 21 & 26, dans lesquels passe le Microscope, il s'ensuit que le Microscope montera ou descendra avec un mouvement aussi prompt qu'on le jugera à propos, & que dans ce mouvement on rencontrera l'endroit auquel l'objet commencera à paroître plus ou moins distinctement; alors pour parvenir à le voir plus parfaitement, on s'arrêtera à cet endroit, & l'on cherchera à donner au Microscope un mouvement plus lent.

C'est le second objet que l'on avoit à remplir. Pour cet effet on commencera par fixer à la barre immobile, par le moyen de la vis de pression *A*, la piece qui a été décrite *Figures* 23, 24 & 25, qui porte l'écrou de la vis de rappel *F* (*Fig.* 1); mais comme cette vis est retenue dans sa partie supérieure, dans un collet qui tient à la barre mobile décrite *Figures* 18 & 19, & à laquelle tient aussi le Microscope; il s'ensuit que, quand on fait tourner cette vis, elle fait monter ou descendre la barre mobile, & par conséquent le Microscope, par un mouvement très-lent & proportionné à son pas qui est fin. Cette opération donne une grande facilité pour trouver le foyer de la lentille avec la plus grande précision.

Nota. On a marqué sur les boutons *CC*, & sur un petit cadran ou collet de la vis de rappel *G*, des divisions pour les parties des révolutions du pignon ou de la vis; mais elles sont de peu d'usage, & l'on peut s'en passer.

Venons maintenant aux moyens de présenter les objets sous le Microscope de la façon la plus favorable.

Il faut d'abord observer, qu'il est nécessaire d'éclairer les objets que l'on veut examiner, soit qu'ils soient transparents, soit qu'ils soient opaques. Dans le premier cas, on les place sur de petites plaques de verre qui laissent passer la lumiere; mais dans ce cas, il faut avoir attention à ménager la lumiere dans une proportion convenable aux lentilles dont on veut se servir; celles d'un plus court foyer ayant besoin d'une lumiere plus vive, & celles qui en ont un plus long, exigeant quelquefois que l'on diminue la quantité de lumiere. Outre cela, les unes & les autres demandent que l'on écarte les rayons qui ne sont pas utiles, parce qu'ils nuisent souvent à la distinction de l'objet.

Dans le second cas, c'est-à-dire, pour les objets opaques, ou ceux dont on veut examiner les couleurs, on les place sur des plaques opaques, noires ou blanches, suivant la nature des objets, & on les éclaire par dessus, en faisant tomber des rayons de lumiere, ou directement, ou en les rassemblant

par

par réfraction, ou par réflexion, de façon que leur foyer tombe sur ces objets.

Mais quelle que soit la maniere dont on veuille examiner ces objets, il est toujours fort utile de pouvoir leur donner des mouvements prompts ou lents dans deux directions différentes, pour pouvoir en faire passer sous le Microscope les différentes parties, & de pouvoir en mesurer exactement les dimensions. C'est pour remplir ces deux différentes vues qu'est fait le Micrometre dont nous allons donner la description. Après quoi nous donnerons celle des différentes pieces destinées à présenter les objets sous le Microscope, dont la plupart doivent s'adapter au Micrometre, & quelques-unes en sont indépendantes.

Description du Micrometre.

Les *Figures* 47 & 48 sont le plan & le profil du Micrometre tout monté.

La *Figure* 49 est une plaque de cuivre sur laquelle se montent toutes les pieces qui composent le Micrometre. On y voit 1°. en *A A*, deux trous qui sont faits pour laisser passer les vis *a* (*Fig.* 50 & 53) qui doivent arrêter la piece *Figures* 52, 53 & 54. 2°. En *B B*, deux trous pour les vis *b* (*Fig.* 50) qui doivent attacher la piece *Figures* 55, 56 & 57. 3°. En *C C*, deux joues qui sont arrêtées par des vis qui se mettent par dessous, & dont on voit la place ponctuée en *C C*.

On voit que ces deux joues portent des divisions qui désignent les révolutions de l'arbre à vis *Figure* 68, dont on parlera plus bas. Il faut observer que pour plus de distinction, on n'a marqué sur chaque joue les révolutions que de deux en deux; mais avec l'attention que l'une marque les révolutions paires, c'est-à-dire, la 2e, la 4e, la 6e, &c. & l'autre marque les impaires, c'est-à-dire, la 1e. la 3e. la 5e. &c.

4°. En *D D*, la place aussi ponctuée de deux vis *d* (*Fig.* 50) qui doivent arrêter la piece *Figures* 58, 59 & 60.

La *Figure* 50 est le profil de la piece *Figure* 49.

La *Figure* 51 est la face du bout de la piece *Figure* 49, dans laquelle on voit en profil le biseau qui termine les deux joues *CD* & *CD* de cette piece *Figure* 49.

Les *Figures* 52, 53 & 54 sont le plan, le profil & l'élévation d'une piece destinée à porter le cadran *Figure* 69, dont on parlera plus bas. On voit en *A*, dans le plan *Figure* 52, les deux trous *A* formant écrou pour recevoir les vis *a* du profil *Figure* 53. On voit dans l'élévation *Figure* 54 en *E E*, deux trous formant écrou pour recevoir les vis *E E*, dont on voit les têtes dans le cadran *Figure* 69.

Les *Figures* 55, 56 & 57 sont le plan, le profil & l'élévation d'une piece qui s'arrête en *B B* de la *Figure* 49, par le moyen des vis *b* du profil *Figure* 56. On voit dans l'élévation *Figure* 57 en *G G*, deux rainures destinées à recevoir les deux languettes *G G* de la *Figure* 61, & le trou *H* qui doit recevoir la pointe de l'arbre *Figure* 68.

Les *Figures* 58, 59 & 60 sont le plan, le profil & la face d'une piece qui entre sous le bout des joues *CD*, *CD* de la piece *Figure* 49, où elle est arrêtée par les vis *d* des *Figures* 50 & 59. On voit dans la face *Figure* 60, qu'elle a deux biseaux destinés à recevoir la coulisse *Figure* 61; & quand elle est entrée dans le bout de la piece *Figure* 49, représenté *Figure* 51, ces deux biseaux, avec ceux que l'on voit dans cette *Figure* 51, forment une espece d'ouverture en hexagone irrégulier propre à recevoir le bout de la coulisse *Figure* 61, qui est représenté *Figure* 64.

Les *Figures* 61 & 62 sont le plan & le profil d'une piece dont on voit le bout du côté de *A* (*Fig.* 63) & le bout du côté de *C* (*Fig.* 64). Dans le plan *Figure* 61, on voit en *G*, *G*, les deux trous faits pour recevoir les vis *g g* du profil *Figure* 62, destinées à fixer la piece *Figures* 73, 74 & 75; & l'on y voit en *I* le trou formant écrou destiné à recevoir le bout en vis du bouton *I* (*Figure* 72). On y voit de plus, que les faces des côtés sont d'équerre dans la partie *A B*, comme le montre la *Figure* 63, & en biseau dessus & dessous, comme on le voit *Figure* 64.

La *Figure* 63 représente le bout de la même piece vue du côté de *A A*. On y voit deux trous *k k*, formant écrou pour recevoir les vis *K K*, de la piece *Figure* 67.

La *Figure* 64 représente le bout de la même piece vue du côté de *CC*; on y remarque les biseaux de la partie *B C*, de la piece *Figures* 56 & 57; & deux autres biseaux qu'on ne pouvoit voir, parce qu'ils sont en dessous de la piece, dont on ne voit que le dessus dans la *Figure* 61. Ces quatre biseaux se trouvent ici projettés sur le profil quarré de la partie *A B*, de cette piece.

Les *Figures* 65, 66 & 67, sont le plan, le profil & la face d'une petite piece qui s'adapte au bout *A A* de la piece *Figures* 61 & 62.

On voit dans le plan *Figure* 65, les vis *K*, *K*, qui entrent dans les trous *k*, *k*, de la *Figure* 63, en passant à travers les trous *k*, *k* de la *Figure* 67. On voit dans la *Figure* 67, qui est la face de cette piece, les deux trous *K*, *K*, qui laissent passer les vis *K*, *K*, dont on vient de parler, & le trou *L* formant écrou qui doit recevoir la vis *Figure* 68.

La *Figure* 68 est un arbre à vis destiné à faire mouvoir la coulisse *Figures* 61 & 62, qui glisse par son bout *C C Figures* 61 & 64 dans les joues dont on voit le plan en *CC* (*Fig.* 49), & le profil dans les *Figures* 51 & 60, & par son bout *A A*, dans les rainures *G*, *G* de la piece *Figure* 57. La pointe *H* de cet arbre se place dans le trou *H* de la *Figure* 57, après qu'on l'a fait entrer dans le trou *L* formant écrou, qu'on voit en *L*, (*Figure* 67.)

Il porte en *F* un épaulement destiné à l'empêcher de passer au travers du trou *F* de la piece *Figure* 54, qui ne laisse passer que la partie quarrée de cet arbre, & le petit collet destiné à porter le bouton & l'aiguille qui doit montrer les divisions du cadran *Figure 69*.

La *Figure 69* est un cadran divisé en cent parties, qui s'attache en *E*, (*Fig. 54*) par le moyen des vis *E*, *E*; le limbe sur lequel sont marquées les divisions est relevé en relief, de la même épaisseur que l'alidade marquée *M*, qui est une piece taillée par son extrémité en portion d'un cercle égal à celui de l'intérieur du limbe, afin de le toucher dans toutes ses parties, dans le mouvement de l'aiguille, & porte lui-même une division de Vernier, qui donne les dixiemes parties des divisions du limbe.

La *Figure 70* est le profil de l'alidade dont on vient de parler. On y voit en *f*, une petite vis destinée à la fixer sur le collet *f* de l'arbre (*Fig. 68*). *G* & *g*, sont le plan & le profil d'un petit écrou qu'on met en *g* au bout de l'arbre *Figure 68*, après qu'on l'a fait entrer dans le bouton de la *Figure 68*, pour l'empêcher de ressortir.

Il est important d'observer ici, que quoique la petite vis *f*, qui doit arrêter l'aiguille sur l'arbre, ne paroisse qu'une vis de pression, & qui pourroit par conséquent permettre d'arrêter l'aiguille à différents points de la circonférence de l'arbre, comme on l'a pratiqué jusqu'ici aux cadrans de Micrometre, il faut, au contraire, faire dans l'arbre un petit trou qui réponde à cette vis, afin de la remettre toujours dans la même position. Sans cela on ne pourroit compter sur la justesse de la table qu'on doit faire du Micrometre, comme nous le dirons ailleurs.

Les *Figures 71* & *72* sont le plan & le profil d'une piece qui doit être placée sur la piece *Figure 61*, de maniere à y être mobile sur un centre: pour cet effet, on fait passer le pivot *I* (*Fig. 72*) à travers les trous *I* de la piece elle-même *Figure 71*, de la rondelle *N*, & de la piece *Figure 61*, lequel formant écrou reçoit la vis qu'on voit au bout du pivot, pendant que la partie lisse de ce pivot qui traverse la piece, lui permet de se mouvoir sans qu'il se dévisse.

On voit dans le plan *Figure 71* en *O*, une portion de cercle (dont le centre est le même que celui du pivot) qui est taillée en écrou sur sa tranche, pour pouvoir s'engrener dans une vis sans fin, dont on parlera plus bas; & l'on y voit aussi en *P* un trou destiné à recevoir la vis *p* du profil *Figure 72*.

Dans ce profil *Figure 72*, on apperçoit la forme d'une espece de pince *Q* destinée à recevoir la queue des différents porte-objets qu'on veut adapter au Micrometre, & la vis de pression *p* faite pour les y contenir.

Les *Figures 73*, *74*, *75*, *76* & *77*, sont le plan, la coupe & les profils d'une piece destinée à recevoir & à contenir un arbre à vis sans fin *Figure 78*. Cette piece s'assujettit en *G G*, (*Figure 61*) par le moyen des vis *g g* de la *Figure 62*.

On voit dans les coupes, suivant sa longueur *Figure 74*, & dans sa largeur

Figure 76, que cette piece eſt creuſe de façon à loger la vis ſans fin, & à recevoir la tranche circulaire *O* de la piece *Figure* 71, qui doit s'engrener avec elle.

On voit dans le profil *Figure* 75, & la face *Figure* 77, une petite piece faite pour recouvrir & arrêter l'arbre à vis ſans fin *Figure* 78, quand on l'a mis en place.

Tous ces détails acheveront de s'entendre clairement en donnant un coup d'œil ſur les *Figures* 47 & 48, dans leſquelles toutes les pieces qu'on vient de décrire ſont repréſentées toutes montées, & ſont faciles à reconnoître.

On y appercevra aiſément, qu'en tournant le bouton *G* la vis à laquelle il eſt appliqué, fera avancer ou reculer toute la couliſſe qui eſt terminée par la pince; & que par conſéquent la ligne *R R*, tracée ſur cette couliſſe répondra ſucceſſivement aux diviſions marquées ſur les joues *C*, *C*, dont on a parlé *Figure* 49; & que ſi d'un autre côté, on tourne le bouton *H*, la vis ſans fin à laquelle il eſt appliqué, fera décrire une petite portion circulaire à la pince *Q*, qui tourne ſur le pivot *I*.

Par ce moyen, tous les porte-objets que l'on veut arrêter dans la pince du Micrometre en ſuivant ces mouvements, préſentent à volonté ſous le Microſcope toutes les parties des objets qu'on veut examiner, & l'on voit aiſément quelle facilité ils fourniſſent pour en déterminer la meſure, ſoit qu'on veuille ſe ſervir de ce Micrometre même, ſoit que l'on veuille employer celui qui eſt placé dans le corps même du Micrometre.

Voici maintenant pluſieurs pieces que l'on peut adapter au Micrometre, & quelques autres que l'on peut appliquer ſimplement au Microſcope en les plaçant ſur la table.

La *Figure* 79 eſt un anneau de cuivre qui porte une queue faite pour être placée dans la pince du Micrometre. Cet anneau eſt fait pour recevoir une petite piece de bois tournée qu'on appelle un *Modérateur*, dont on voit le profil *Figure* 80, & la coupe *Figure* 81. Cette coupe fait voir le trou conoïde qui eſt percé à travers cette piece, & qui eſt fait pour laiſſer paſſer la lumiere qui vient du miroir *Figure* 5, placé ſous la table du Microſcope, & de garantir des rayons étrangers les petites plaques de verre ſur leſquelles on expoſe les objets qu'on veut examiner & qui ſe placent ſur cette petite piece.

La *Figure* 82 eſt une plaque de cuivre qui eſt auſſi deſtinée à être adaptée à la pince du Micrometre dans laquelle on fait entrer ſa partie échancrée. Elle eſt percée d'un trou rond deſtiné à laiſſer paſſer le Modérateur dont on voit le profil *Figure* 83, & la coupe *Figure* 84.

La *Figure* 85 repréſente deux petits porte-objets compoſés d'un petit cylindre d'ivoire ou d'ébene attachés par un fil de cuivre un peu courbé

à

à une petite queue de cuivre faite pour être adaptée à la pince du Micrometre.

La *Figure* 86 en repréſente le profil.

Ces porte-objets ſont faits pour les objets dont on veut éclairer la face ſupérieure, & pour paſſer au-deſſous d'un miroir de réflexion dont on va parler tout à l'heure.

La *Figure* 87 eſt un anneau de cuivre deſtiné à porter le petit miroir *Figures* 89 & 90. Cet anneau dont on voit le profil *Figure* 88, porte une douille *A* qui entre dans l'arbre *A* de la *Figure* 88, ſur lequel on le fixe à la hauteur que l'on veut par le moyen de la vis de preſſion *B*.

Les *Figures* 89 & 90 ſont le profil & la coupe d'un petit miroir courbe de cuivre argenté dans ſa concavité, dont la partie ſupérieure eſt percée d'un trou aſſez large pour laiſſer paſſer la partie *K P* du corps du Microſcope *Figure* 41, ſous lequel on le place. Ce miroir eſt fait pour raſſembler les rayons qu'il reçoit du miroir *Figures* 5 & 6, qui eſt ſous la table du Microſcope, afin d'éclairer la face ſupérieure des objets que l'on a placés ſur un des petits porte-objets *Figures* 85 & 86.

Les *Figures* 91 & 92 ſont le profil & la coupe d'un modérateur qui porte en deſſous une rainure en queue d'aronde faite pour recevoir une des pieces *Figure* 93. Ces pieces *Figure* 93, ſont percées chacune de trois trous de différentes grandeurs, & ſervent de diaphragme à ce modérateur, afin de pouvoir diminuer à volonté la quantité de la lumiere qui vient du miroir de deſſous, & qui a été décrit *Figures* 5 & 6.

La *Figure* 94 repréſente les deux faces, l'une noire & l'autre blanche, d'une dame d'ivoire d'un côté, & d'ébene de l'autre, qui porte une queue dans laquelle ſe place un petit baluſtre de cuivre tel qu'on le voit dans le profil *Figure* 95, & qui s'aſſujettit dans la poſition qu'on veut par le moyen d'une petite vis de preſſion *a*.

La *Figure* 95 eſt le profil de la piece précédente dans lequel on voit le petit baluſtre dont on vient de parler. Ce petit baluſtre porte une aiguille qu'on peut tourner à frottement, & qui ſert à percer & à tenir iſolés les inſectes ou autres petits corps qu'on veut préſenter ſous le Microſcope. Ce baluſtre ſe monte également ſur l'une & ſur l'autre face de la dame, afin de donner un fond noir ou blanc à l'objet que l'on veut examiner, ſuivant que l'un des deux eſt plus favorable à la couleur de cet objet.

La *Figure* 96 dont on voit le profil *Figure* 97, eſt une plaque de cuivre deſtinée à recevoir un ſecond Micrometre entiérement ſemblable à celui des *Figures* 47 & 48. Pour cet effet elle porte deux joues *A*, *A* ſemblables aux joues *B*, *B* de la table du Microſcope *Figure* 3, avec une vis de preſsion *B* pareille à celle qui est marquée *D* dans la *Figure* 3. Elle est échancrée en *C*, pour pouvoir être adaptée à la pince du premier Micrometre. On y voit en *D* une ouverture oblongue faite pour laisser passer la lumiere du miroir *Figures* 5 & 6; elle est percée en *E* d'un petit trou formant écrou pour recevoir une vis qui doit fixer sur elle la piece *Figure* 101. Comme cette petite plaque est destinée à servir aussi quelquefois sans être adaptée au premier Micrometre, elle est percée de deux autres trous *F F* qui servent à la fixer sur un morceau de bois *Figure* 98 qui lui sert de pied, & dont nous parlerons plus bas.

La *Figure* 97 est le profil de cette même plaque. On y voit en *A* un petit rouleau de bois destiné à en soutenir un des bouts, pendant que l'autre est pris dans la pince du premier Micrometre.

Cette plaque est destinée à plusieurs usages; quand elle est ainsi prise dans la pince du premier Micrometre, & qu'elle en porte un second qui se trouve posé en sens contraire du premier, elle sert à faire la table des révolutions & des parties de celui-ci, suivant la méthode que j'ai décrite dans un Mémoire que j'ai lu à l'Académie au mois de Mars 1767.

Un autre usage de cette même plaque *Figure* 97, est de porter le Micrometre pour mesurer les foyers des petites lentilles. Voici le détail du petit appareil nécessaire pour cela & son usage.

La *Figure* 98 représente cet appareil tout monté. On y voit en *A* un petit piedestal de bois sur lequel on arrête en *B C* la petite plaque qui a été représentée à part *Figure* 97. On arrête dans cette plaque, par le moyen de la vis de pression *D*, le Micrometre dont on voit la pince en *E*, quand on le juge convenable.

On voit en *F G* une petite plaque de cuivre pliée en équerre, dont on voit à part la face & le profil *Figures* 99 & 100.

On y voit encore en *C H* une autre petite plaque de cuivre pliée aussi en équerre, dont on voit le profil *Figure* 101.

Les *Figures* 99 & 100 sont, comme on vient de dire, la face & le profil d'une piece qui est portée par la pince du Micrometre. On y voit en *A* une plaque de glace plane qui doit être taillée en biseau par les bords, & qui est fixée par une sertissure sur la plaque de cuivre, mais de façon qu'elle n'excede pas la surface du verre.

La *Figure* 101 est, comme on l'a dit aussi, le profil d'une plaque de cuivre pliée en équerre qui est arrêtée sur la plaque *Figure* 96, par une vis qui entre dans le trou *E* de cette *Figure*.

On y voit en *B* un petit trou dans le centre d'une concavité qu'on y a formée, pour pouvoir y placer l'œil dans le temps de l'observation.

Tout étant ainsi disposé, on place la lentille dont on veut mesurer le foyer en *I*, comme on le voit dans la *Figure* 98, & on l'arrête avec un peu de cire verte autour de ses bords, avec l'attention de ne pas laisser la cire excéder l'épaisseur de la lentille.

Ensuite après avoir disposé le Micrometre de façon que ses index soient arrêtés au point zéro de leur division, on l'approche tout entier en lâchant la vis de pression *D*, jusqu'à ce que la surface *K* du verre plan sur laquelle on a mis des poussieres de papillon, vienne toucher la surface de la lentille. Alors on fixe la vis de pression *D*, & on fait reculer la coulisse du Micrometre qui emporte avec elle la piece *F K G*, jusqu'à ce que les poussieres de papillon paroissent les plus distinctes qu'il est possible; & quand on a trouvé ce point, les divisions du Micrometre donnent fort exactement le foyer de la lentille que l'on cherchoit, en tenant compte, comme de raison, de l'épaisseur de la lentille.

Il arrive souvent, sur-tout lorsque le foyer des lentilles est un peu long, que l'on a peine à décider bien précisément du point auquel les petits objets paroissent le plus distinctement, & que l'on fait cheminer le Micrometre pendant quelque temps sans appercevoir de changement bien sensible; alors il faut recommencer l'opération, & s'arrêter au premier endroit où l'on commence à voir l'objet presqu'entiérement net, quoique l'on espere encore une plus grande netteté, & écrire ce que donnent les divisions du Micrometre; ensuite on continue jusqu'à ce qu'après avoir vu l'objet le plus distinctement qu'il est possible, on commence à voir diminuer sa netteté; alors on marque encore ce que donnent les divisions du Micrometre; & en prenant un milieu, on a assez précisément le point de la plus grande distinction.

Description du Sphérometre.

Le Sphérometre est un instrument destiné à mesurer les courbures des verres lenticulaires, afin d'en conclure le rayon des spheres sur lesquelles ils ont été travaillés.

Cet instrument est composé de deux parties qui doivent être posées l'une contre l'autre.

La *Figure* 102 représente la premiere partie qui est proprement l'instrument; & la *Figure* 111 représente la seconde, contre laquelle la premiere doit être appliquée. Voici le détail & l'usage de l'une & de l'autre.

La *Figure* 103 représente la face de l'Instrument vue du côté du cadran. On y voit 1°. la regle *a*, *a*, qui a deux longues fentes *b*, *b*, faites pour recevoir les tenons des pieces *Figures* 104, 105 & 106. 2°. En *C*, *C*, les boutons des vis *Figure* 107. 3°. En *D*, le cadran avec son bouton *E* & son aiguille *F* d'une vis de compte *Figure* 109, dont on parlera plus bas.

Les *Figures* 104, 105 & 106 ſont le plan, le profil, & une face d'une des deux pieces qu'on voit en *I I*, (*Fig.* 102).

On y voit en *a*, un petit tenon fait pour entrer dans la longue fente *b* de la regle *a a* (*Fig.* 103). Ce tenon eſt percé d'un trou *a* (*Fig.* 104) pour recevoir la vis *Figure* 107 qui ſert à fixer cette piece ſur la regle *a a* (*Fig.* 103).

La *Figure* 108 eſt la coupe du Micrometre marqué *F F* (*Fig.* 102) composé d'une vis de compte repréſentée à part *Figure* 109, avec ſon cadran *Figure* 110, dont on ne donnera pas plus de détail; tout ce qui a été dit juſqu'à préſent & l'inſpection des Figures ſuffiſent pour le faire comprendre aiſément.

Ce Micrometre fait marcher une couliſſe terminée en pointe, comme on le voit en *E* (*Fig.* 102).

La regle *A A* de cette même *Figure* 102, eſt diviſée en pouces & lignes de chaque côté, mais en laiſſant entre le commencement des diviſions *G*, *G* un intervalle d'un pouce.

Les pieces *H*, *H*, repréſentées ſéparément *Figure* 105, portent une diviſion de Vernier de 9 lignes diviſées en 10 pour donner les dixiemes de ligne.

La *Figure* 111 dont on voit le profil *Figure* 112, eſt une petite piece de bois *A* ſur laquelle on a fixé par deux vis la petite regle *B B*, qui doit être dreſſée avec le plus grand ſoin. On voit dans le profil *Figure* 112, que cette piece de bois eſt fixée ſur une piece de cuivre recourbée de façon à pouvoir être ſaiſie par la pince du Micrometre.

Quand on veut faire uſage de cet Inſtrument; ſi l'on veut, par exemple, meſurer la courbure du verre *I I* (*Fig.* 102), il faut d'abord placer les deux pieces *H*, *H* de façon qu'elles embraſſent la plus grande corde *I I* de ce verre qu'il eſt poſſible, en les éloignant du centre d'une quantité égale (dans la Figure, elles embraſſent une corde de 2 pouces). Enſuite il faut faire marcher la couliſſe qui porte la pointe *E*, juſqu'à ce qu'elle dépaſſe les pointes des pieces *H*, *H*; alors en poſant l'inſtrument perpendiculairement, on la retire petit à petit juſqu'à ce que les trois pointes portent également & ſans aucun ballottement.

On a obſervé par expérience que l'on s'apperçoit du moment où le ballottement ceſſe avec une exactitude ſurprenante; car dans le Sphérometre qui a ſervi de modele & dont la vis de rappel eſt d'un quart de ligne de pas, on a éprouvé qu'une ſeule partie du cadran, c'eſt-à-dire, un quatre-centieme de ligne de différence, laiſſoit appercevoir ou faiſoit ceſſer le ballottement.

Lorſqu'on a ainſi pris trois points de la courbure, ſi l'on applique le Sphérometre

rometre contre une regle bien dreſſée, de façon que les deux pointes *H*, *H* portent contre cette regle, il eſt évident que la diſtance qui reſte entre la pointe *E* & la regle, eſt la fleche ou le ſinus verſe de l'arc *I E* dont la corde *I I* eſt connue, & qu'ainſi il eſt facile d'en conclure le rayon de la Sphere qu'on cherche; mais pour cela il faut avoir bien exactement la meſure de cette diſtance.

Le moyen qui ſe préſente naturellement, eſt de faire rapprocher la pointe *E* de la regle par le moyen de la vis de rappel, & cela pourroit réellement ſe pratiquer ainſi; mais indépendamment de l'inégalité de la vis dont il faudroit par conſéquent avoir fait d'avance une table, il y auroit encore quelque difficulté à s'aſſûrer du contact de la regle.

Il paroît plus ſimple & plus ſûr de poſer le Sphérometre ſur la piece *Figure* 111, de façon que les deux pointes *H*, *H* touchent la regle, & de placer cette piece dans la pince du Micrometre; alors en expoſant le tout ſous le Microſcope, on meſure facilement la diſtance de la pointe *E* à la regle par le mouvement du Micrometre.

On ſent que pour cet effet il eſt néceſſaire que la pointe *E* ſoit dans le même plan que la regle, & que ſi celle-ci ne s'y trouvoit pas, il ſeroit aiſé de la caller de façon qu'elle s'y trouvât.

Il eſt bon d'obſerver que ſi l'on plaçoit le Micrometre, comme on le voit dans la *Figure* 1, la longueur de la regle *B B* de la *Figure* 111, ainſi que celle du Sphérometre, empêcheroient de pouvoir avancer le tout ſous le Microſcope. C'eſt pourquoi il faut placer le Micrometre dans la petite planchette *H* qui a été faite à cette intention.

Inſtrument pour meſurer les profondeurs.

Les *Figures* 113, 114 & 115 repréſentent le plan, le profil & la face de cet Inſtrument.

Dans cette *Figure A B C*, eſt une double équerre de cuivre, dans laquelle on a fait une rainure en queue d'aronde dont on voit le profil en *D* (*Fig.* 115).

Cette rainure eſt faite pour recevoir la petite réglette *D E* qui y doit couler à frottement.

Pour rendre ce frottement doux, on ajuſte ſous la partie *B F* de la double équerre, un petit reſſort de cuivre, dont on voit ſéparément le plan *Figure* 116, & le profil *Figure* 117, & qui eſt repréſenté tout monté *Figure* 118. Ce reſſort eſt fixé par un bout au moyen de la vis *G*, & porte à l'autre bout un pied *H*, qui en paſſant à travers un trou fait au fond de la rainure *D Figure* 115, appuie contre le deſſous de la réglette *D E* (*Fig.*

113) & l'empêche de couler trop librement.

La réglette *DE* (*Fig.* 113) est divisée en pouces & lignes, & l'on trace sur le bord de la rainure en *IK* une division de Vernier.

Il est aisé de voir qu'en plaçant la regle *AC* sur les bords de la profondeur que l'on veut mesurer, & en poussant la réglette jusqu'à ce qu'on en atteigne le fond, on aura la mesure de la profondeur à un dixieme de ligne près.

FIN.

De l'Imprimerie de L. F. DELATOUR, 1768.

Fig. 1.

B

D

G

F

E

A

H

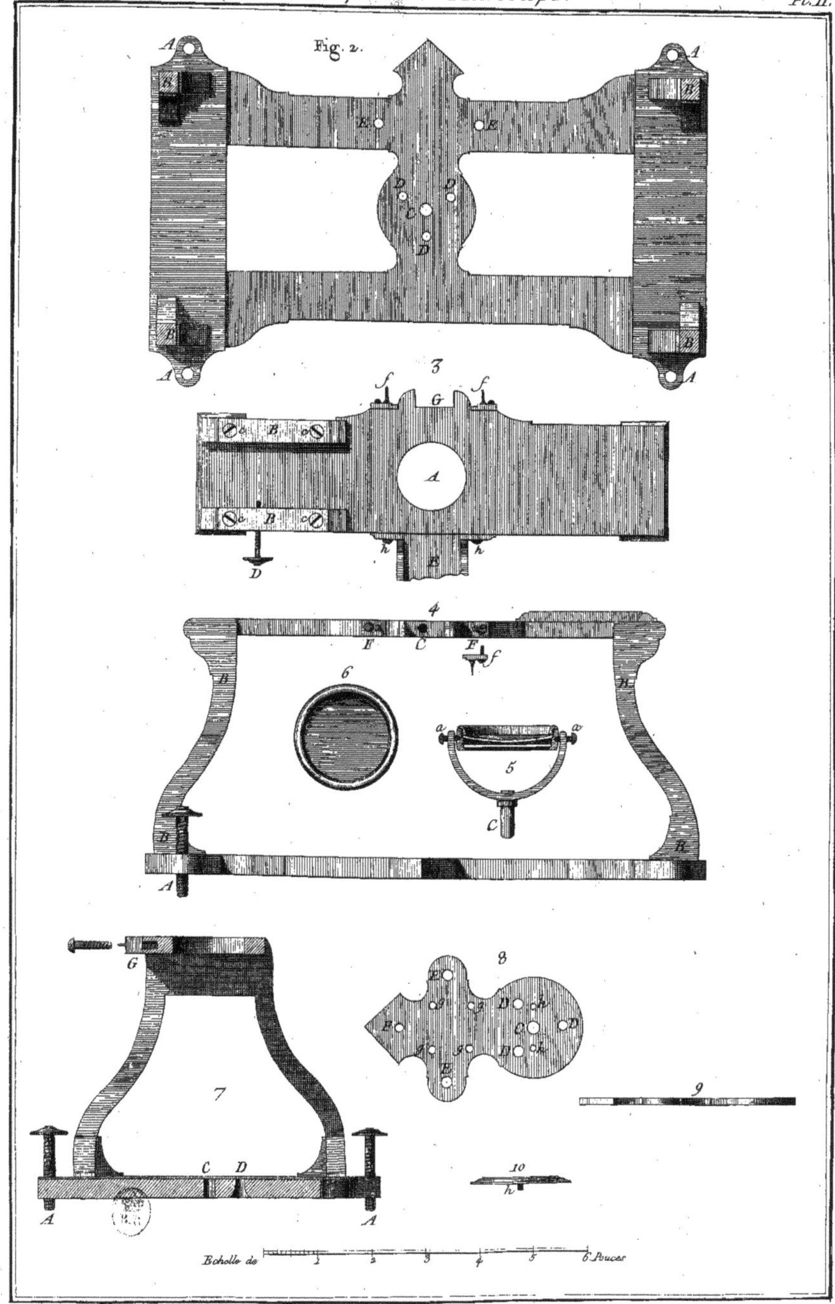
Fig. 2.
A
B
E
D
C
3
f
G
A
B
c
D
h
4
F
C
6
5
a
7
8
9
10
Echelle de 1 2 3 4 5 6 Pouces

Description du Microscope. Pl. III.

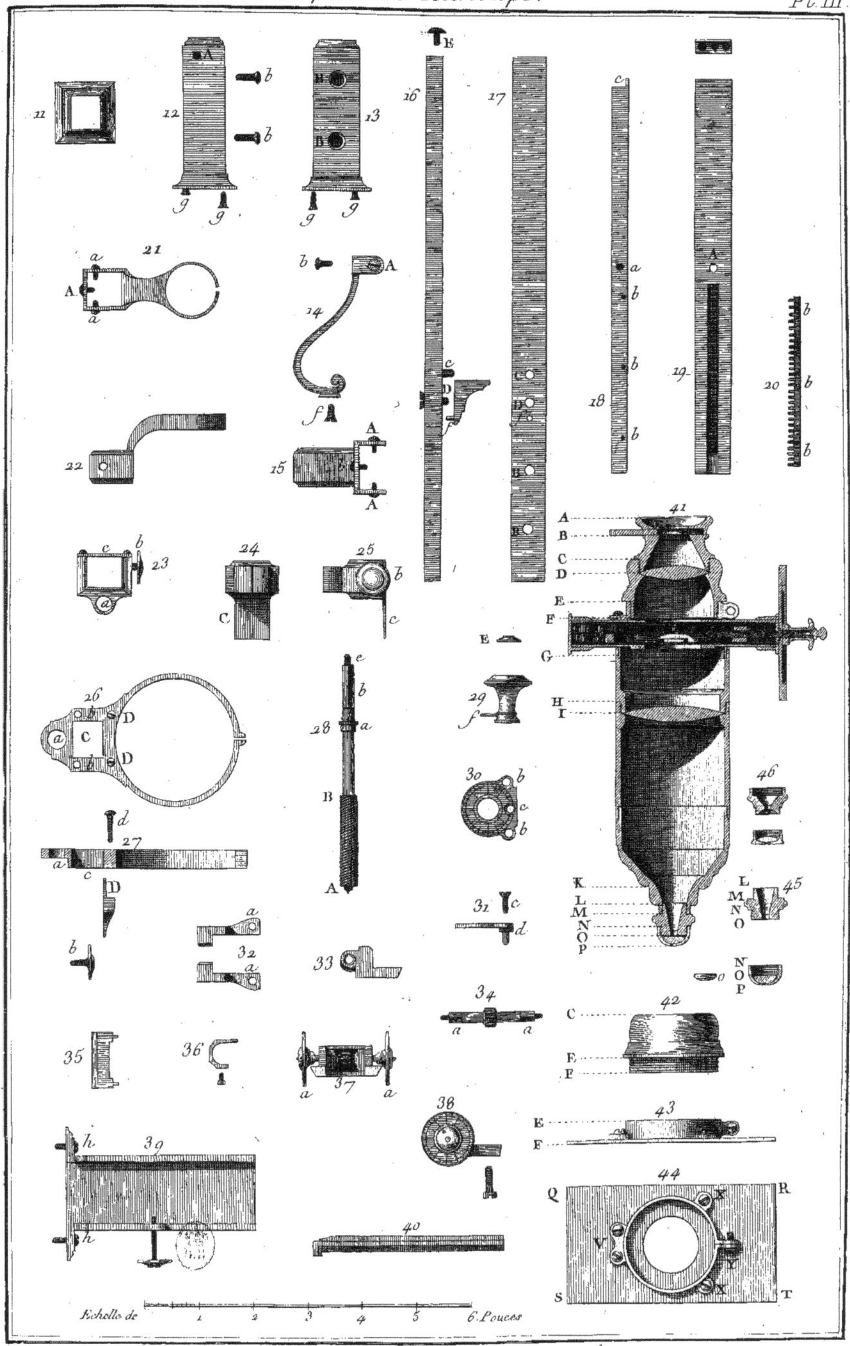

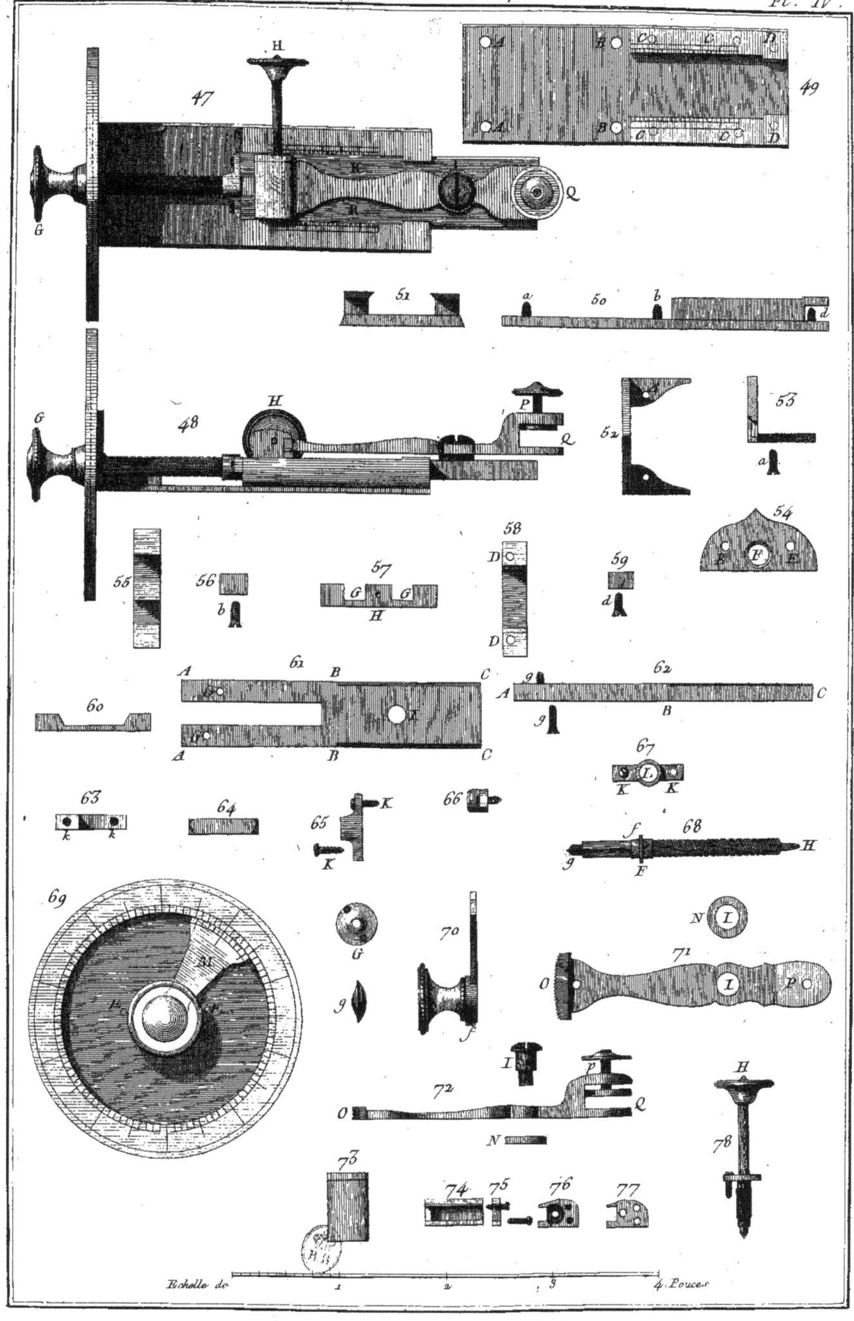
47
H
G
K
R
Q
49
A
B
C
D
51
50
a
b
d
48
P
52
53
54
E
F
55
56
57
58
59
60
61
62
63
64
65
66
67
68
69
M
70
71
72
73
74
75
76
77
78
Echelle de
1
2
3
4. Pouces

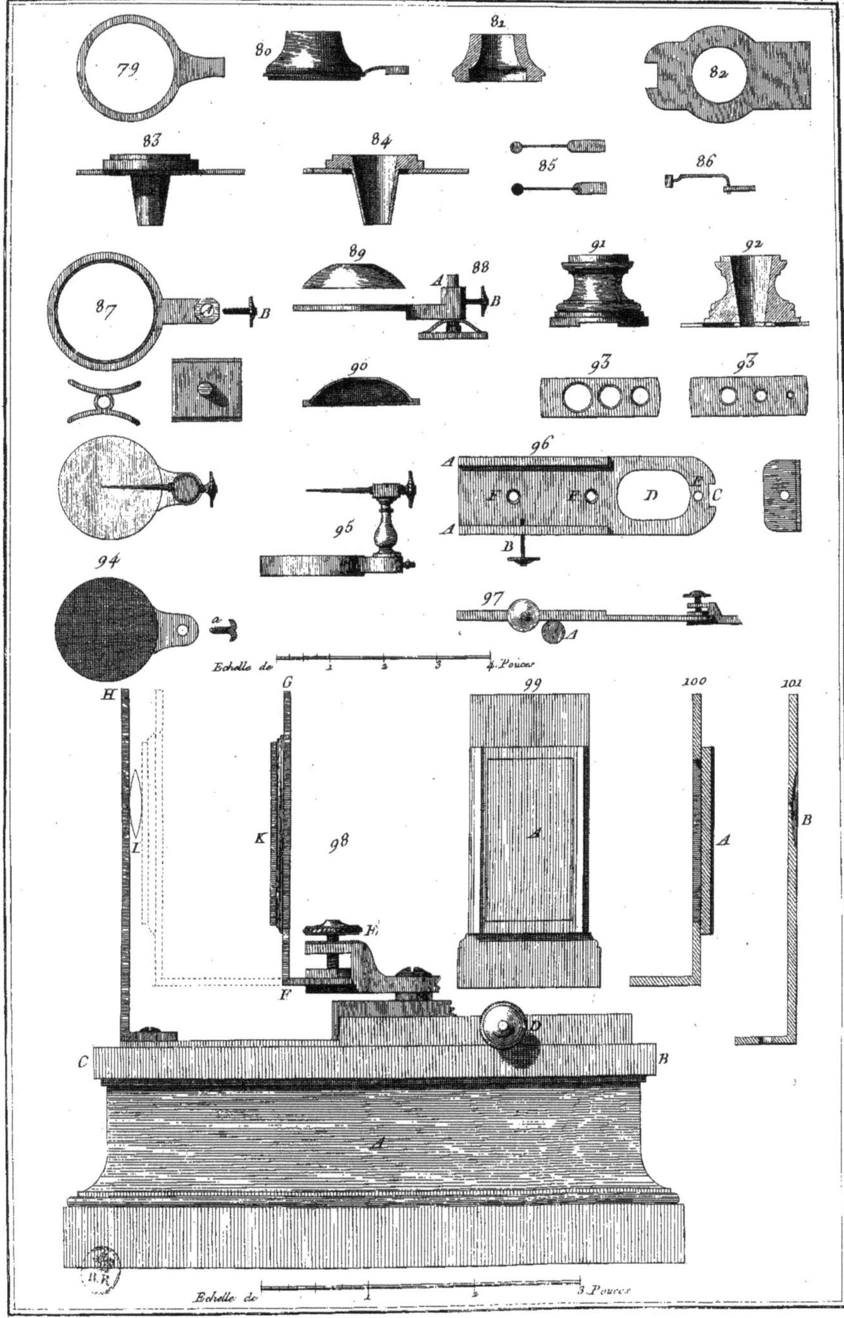
79
80
81
82
83
84
85
86
87
A
B
89
88
A
B
91
92
90
93
93
96
A
F
F
D
E
C
A
B
95
94
a
97
A
Echelle de 1 2 3 4 Pouces
H
G
99
100
101
L
K
98
A
A
B
H
F
D
C
B
A
Echelle de 1 2 3 Pouces

Description du Microscope. Pl. VI.

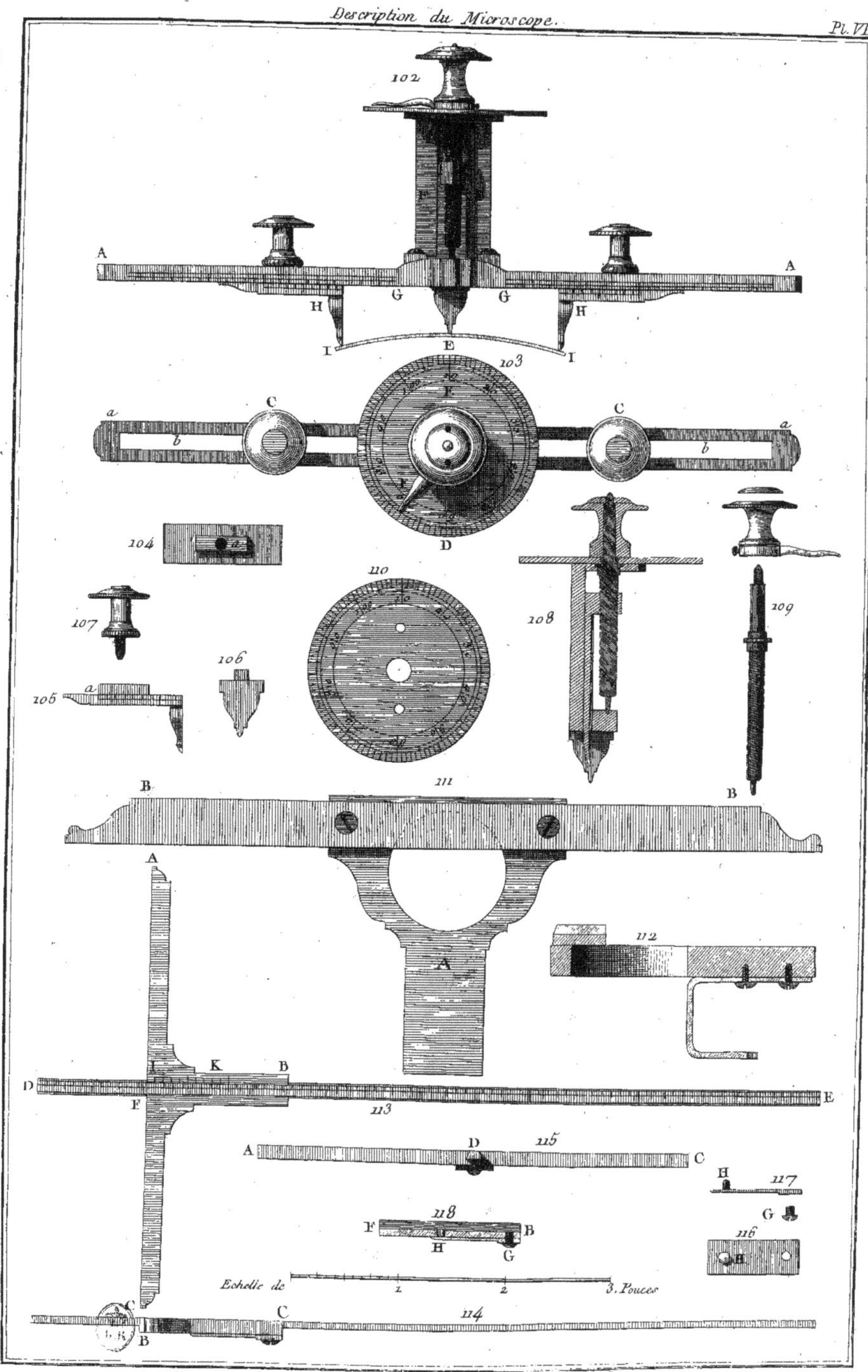

www.ingramcontent.com/pod-product-compliance
Ingram Content Group UK Ltd.
Pitfield, Milton Keynes, MK11 3LW, UK
UKHW021039220726
13924UKWH00001B/408

9 782019 913373